作者序

當你走在路上，看到百貨公司櫥窗裡的包或看到路人背的包，心裡常常會蹦出這樣的想法：「我好喜歡這個包款，但是我不知道應該怎麼作？」

「包款是喜歡的，背帶的長度如果可以適合我的就好了。」

『這個款式如果變大或變小，能符合自己的身高就更完美了！』

這些念頭，常常會在你我的腦子裡再三的出現，出現，又出現。

可是，拿起筆來，就是無從著手；或者說用別人的版型來改成自己喜歡的，卻又得一而再，再而三的修正，才能作出一個自己滿意的包款跟大小，如果有人可以直接告訴我們方法，省去這些過程，是不是可以創作出更好的作品來。

當我翻找了許許多多的工具書、雜誌、國內外網站；甚至去請教過專門製作皮包的專業師傅，關於包款的打版，有沒有固定的方式，有沒有一定的準則，他們也說不出個所以然來，只說是經驗。

但這個經驗，是需要很多時間跟不斷嘗試的結果，最後才能內化成為經驗；想當然爾，我們也沒那麼多的時間去累積經驗；記錄、製作、嘗試等等加上一連串的錯誤修正，找到自己想要的版型。

因此，我產生了研究版型的想法。

市面上林林總總的包款，不管是最常用的束口袋，或是複雜的各種淑女包款，都可以透過基本的版型來作變化，進而創作出屬於自己獨一無二的包，這就是這本書的由來，希望能透過觀念跟邏輯思考的方式，簡化複雜的打版經驗，讓你可以作出自己想要的包款。

凌婉芬

Contents

直線打版 所需工具與基本公式

基礎工具

膠水（用來將方格紙貼在厚卡紙上）
說明：剛開始練習打版最好可以使用方格紙，因此需要以
膠水黏貼，習慣之後就可以直接畫在厚卡紙上面。

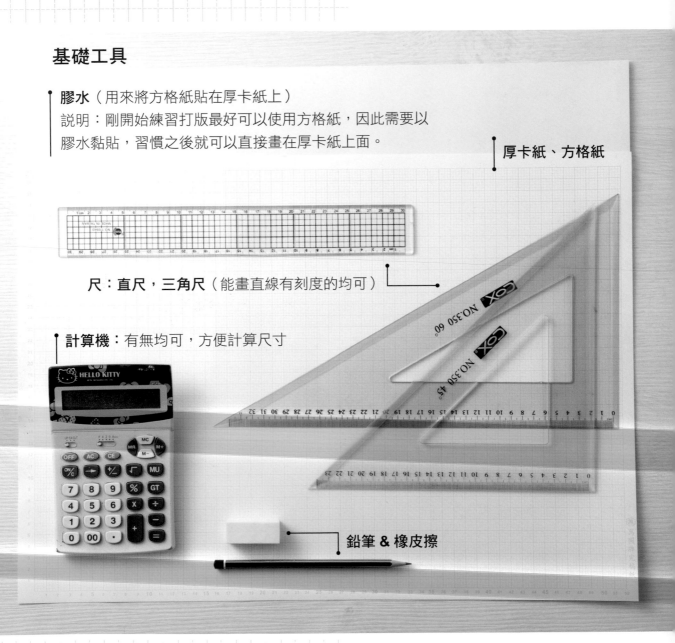

厚卡紙、方格紙

尺：**直尺，三角尺**（能畫直線有刻度的均可）

計算機：有無均可，方便計算尺寸

鉛筆 & 橡皮擦

基本公式

■ 直線打版重要觀念：比例
　參照比例：長寬比或寬長比約為 1.3 ～ 1.5

■ 這只是一個設計基本比例概念，實際上整體的包款大小，需要依照實際需求
　或是用途來計算它的尺寸，製作出來的才會恰到好處。

■ 不按照比例製作包款當然可以，但好看與否就見仁見智。例如：手機袋，通
　常手機的尺寸比較不按照比例設計，因此就不在此討論範圍內。

■ 舉例說明比例：以最常見的 A4，尺寸是 29.5×21cm
　試算：29.5/21 ≒ 1.4 → 是不是剛好落在 1.3 ～ 1.5 範圍裡面，所以 A4 尺寸看
　起來很順眼。

■ 這邊所使用的參照比例，建立在我們對於空間沒有固定的概念之下，方便我
　們開始製作一個想要的包，而不用一再的修版才能得到最理想的版型。

結論：無論怎麼設計想要的包包，包款製作出來的結果看起來順眼，那就是最
　好的比例。

曲線打版 所需工具與基本公式

基礎工具

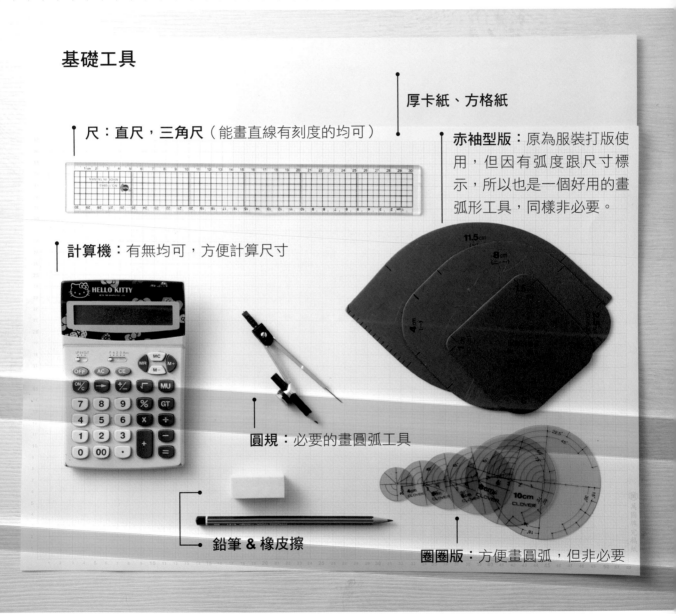

厚卡紙、方格紙

尺：**直尺，三角尺**（能畫直線有刻度的均可）

赤袖型版：原為服裝打版使用，但因有弧度跟尺寸標示，所以也是一個好用的畫弧形工具，同樣非必要。

11.5cm

8cm

4cm

計算機：有無均可，方便計算尺寸

圓規：必要的畫圓弧工具

鉛筆 & 橡皮擦

圈圈版：方便畫圓弧，但非必要

基本公式

■ 曲線打版重要觀念：圓周率 π

π =3.1416

★記得這個數字，它會在所有的圓弧線段裡頭運用的非常廣泛。

★只要是曲線就一定跟圓周率有關喔！

以下基本公式請牢記↓

圓周長 = 2πr = πD　〈r= 半徑，D= 直徑〉

■ 在曲線打版裡所討論的圓弧，目前以可計算的方式為主，無法計算的曲線，將會在應用篇舉例示範，所以此後三個單元，我們同樣只需要按計算機或是手算，就能精準的將有圓弧的版型畫出。

Part 1

基礎方型立體包打版

紅佇心事肩背包

基本款 尺寸：31.5×32×10cm

基本工具和公式 請參照 P4-P5

 **基本概念** 方形

正方形   長方形   正梯形   倒梯形

在我們的觀念裡面，方形是由直線構成；所以計算的時候只需將直線的數字理解清楚就行。

基本準則：我要的包可以裝下甚麼東西？

 製版方法

1. 用想要裝的物品大小來當作標準尺寸
2. 計算另一邊的大小
3. 得出我要的包長寬尺寸
4. 計算包身的厚度尺寸
5. 畫出包的正確版型

舉例說明

我想要在包中放下 A4 的書本

↓

A4 的尺寸約 29.5×21cm

↓

可得知包的最長邊為 29.5cm

↓

需要有多少的鬆份呢？可參照書的厚度（例如書厚 2cm）

→加2cm（如果依照書本厚度只加上 **2cm**，書會剛好卡死，而且有可能取不出來）
所以基本上需要可以拿出物品的舒適空間→也就是手擺放進去的空間

→可以再加手的寬度大約 10cm
（手的寬度≧或≦ 10cm 都可以，這裡只是舉例說明，將手當作一個測量的方便
工具而已）

在我們心中有了這些數據之後，就可以定下第一條基準線（它可以是直方向或橫
方向，就看想做直向或橫向的包）

製版
動作

步驟一
確認第一條線的數據：
29.5+2+10=41.5cm

步驟二
第二條線參照比例計算：
橫線為 41.5cm，直線就會是落
在 28 ～ 32cm 之間（41.5 除
以 1.3 ～ 1.5 比例得出）

步驟四
計算實際所需的尺寸：
底制定為 10cm，只要畫單邊的袋
身版，所以只需加 10/2=5cm
→ 32cm+5cm=37cm

步驟三
制定底的寬度：
到步驟二僅為一個平面的概念，需要加
入寬度才能成為一個立體的空間；因此，
我們在此處同樣應用手的寬度來當作一
個包的寬度。
底寬→手的寬度≧或≦ 10cm

步驟五
開始畫版型

基本款

先畫草圖

説明：不會畫草圖也是 OK 的，但在製作包包時，光憑空想像是無法根據腦中的概念製作成為包款，因此需要畫出草圖或是找張依據的圖片（雜誌或網路上的照片均可），方便讓我們當作參考，這樣畫出來的版型圖才會有實體可以參照。

接著在畫好的草圖或是找來的參考照片上標示包的高度、寬度與厚度（這邊可以直接標出上述已計算好的尺寸），才不會畫錯。

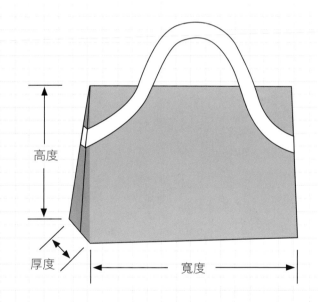

高度

厚度　　寬度

開始畫版型

① 畫下第一條線段

41.5cm → 線段要水平，請用三角尺確認，如果用方格紙畫就不需確認。

❷ 繼續畫已計算好的線段

37cm

41.5cm

→ 包是有底的結構體,所以這個圖要根據底再做修正。

❸ 修正後的正確版

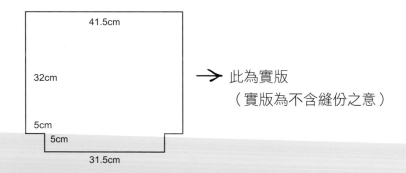

41.5cm

32cm

5cm

5cm

31.5cm

→ 此為實版
(實版為不含縫份之意)

❹ 確認版型

版型底下那個小缺角代表的就是底寬的部分,標上長、寬和厚度尺寸就清楚了,再對照草圖或參考照片,看是否就是我們要的版型,確認後貼在厚卡紙上並裁剪,就可以進行包包製作。

紙型 A 面附版型

本節問題

Q1. 包包的比例是否為一個標準？

A：比例只有相對而非絕對值，所以標準端看用在何處，就比方同樣的頭髮長度，在身高 150cm 的人身上也許算長髮，而到了身高 170cm 的人身上也許就變成中等長度而已。所以包包的打版並沒有絕對的標準喔。

Q2. 為何要畫實版？

A：包款在製作時會加上縫紉機接合所需要的縫份，而縫份有時候會因為布的材質或個人使用習慣而有不同，因此在我們畫版型時，使用實際的版型會比較實用，可以避免最後縮放造成的誤差，導致包包側身和袋身無法接合的錯誤，也可以減少修改版型的次數。

Q3. 是否每個包都要打版？

A：在製作每個包之前，都將版型畫出來會比較好，因為尺寸在我們的腦海裡是抽象的，沒有經過實際的計算、繪製，是不會有感覺的。因此無論多麼簡單的包款，即使我們已經做得熟到不能再熟，也建議將版型畫出來。

Q4. 我會電腦繪圖，是否可用電腦畫比較方便？

A：當然使用電腦繪圖是無庸置疑，不過剛開始畫版型，建議手繪會比較有概念，因為尺寸在電腦裡面只是一些量化的數值，我們不會有感覺，在熟悉之前，我們盡量動動手、動動腦、畫畫圖。

一直是晴天側背包

變化款 尺寸：41.5×32×10cm

變化款為看起來比較方正的包款，不過實際上則會以梯形計算。

製版動作 使用基本款數據為參考值

步驟一
確認第一條線的數據：
29.5+2+10=41.5cm

步驟二
第二條線參照比例計算：
橫線為 41.5cm，
直線 32cm

步驟三
制定底的寬度：
底寬 10cm

步驟四
計算實際所需的尺寸：
底制定為 10cm，只要畫單
邊的袋身版，所以只需加
10/2=5cm
→ 32cm+5cm=37cm

步驟五
開始畫版型

+ EXAMPLE
横向的方包版型
Lateral side bag

變化款

先畫草圖

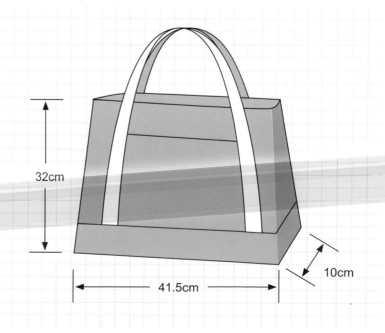

32cm

41.5cm

10cm

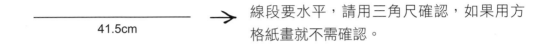

◆ 開始畫版型

❶ 畫下第一條線段

─────────────────
41.5cm

→ 線段要水平，請用三角尺確認，如果用方格紙畫就不需確認。

❷ 繼續畫已計算好的線段

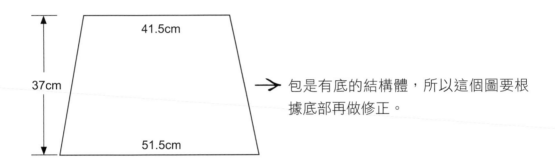

→ 包是有底的結構體，所以這個圖要根據底部再做修正。

❸ 修正後的正確版

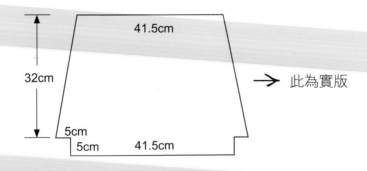

→ 此為實版

❹ 確認版型

根據底寬畫出大小後，再清楚的標上尺寸，就可以了解這樣的包款，如果要上下等寬，必須在底部的尺寸加上袋底的厚度！

本節問題

Q1. 為何比較方正的
包款,版型卻為梯形?

A:由於要維持整個包是方正的原
因,故而需將底的尺寸向兩側增加,因
此形成梯形的版型;其實我們也可以試試看
倒梯形的版型做出來的包會是怎樣的,
經過計算後,可以得知在一邊的尺
寸不變之下,去改變其它邊的尺
寸,製作出來的包款將會有
不同的效果。

Q2. 我已經看過很多
的書也看了很多的網路資料,
可是還是不知道從何著手,應該怎
麼辦?

A:這個問題相信也是多數人的問題,所
以需要一個參考的準則,這也是我們從
基礎打版開始需要一些參考數據的
主要因素,那麼跟著本書,一步
一步來,就可以知道從哪邊
開始囉~

Q3. 如何制定一個適合的包款?

A:其實這是每個人心中的疑惑,到底怎樣
的包是適合的包,因此我們便不討論何謂適合的
包,要了解的是,我的包想用來裝什麼?裝書還是裝
雜誌?(千萬不要把書跟雜誌混為一談,因為兩者的尺
寸絕對不同)裝水瓶?便當袋?還是有其他的東西要裝呢?
我們針對的方向會以實用為基準。
所以平時得多收集一些資料,例如:網路、雜誌、手
作書、百貨公司包包展示專櫃或櫥窗等,都將是收
集資料的來源,之後便累積經驗,累積的經驗
值越多,腦子的想法就會越多,自然而然
有更多好的點子來幫助我們製作包包。

 **變化包款製作方法** 紙型 A 面

 使用材料及配材

用布量：表裡各約 3 尺
　　　　（裁布均按版型外加縫份，加襯與否視個人需求）

裁布與配件：

a. 袋身－依紙型　表裡各 ×2 片

b. 提把－ 3×80 〜 100cm（長度可依個人需求調整）×2 條

c. 內部口袋－視個人需求製作

d. 裝飾皮標或布標：適量

e.17mm 雞眼釦：4 個

將打版製作出成品（附紙型參考），因本書以講解打版為主，製作上就不多作贅述。

製作流程

01 所有配材均依照版型裁剪準備好。

02 示範包款有將表袋身分割處理（記得在分割處加上縫份再裁剪，也可以直接裁一整塊布，隨個人創意自行搭配均可）。將提把車縫固定在表袋身上（位置隨個人喜好）。

03 提把手提處中心部份，對摺車縫約 12 〜 14cm。

04 正面可車縫外口袋,再將底片接合,縫份朝下,正面壓線固定。

05 製作裡袋身口袋(隨個人喜好)。此範例的裡袋身也是有作分割處理,上下片車縫接好即可(裁成一整片就可省略此步驟)。

06 兩片表袋身正面相對,三邊接合。

07 袋身底部兩側的底角對齊車合。

08 裡袋身同表袋身方式車合,需留一段返口。

09 表裡袋身正面相對套合,袋口對齊後車縫一圈。

10 由返口翻回正面,並在袋口處壓線一圈固定。

11 袋口可作變化處理:將裡袋貼邊向上提約 0.5cm,再作壓線處裡,可以形成類似滾邊的效果。

12 袋身上方兩側釘上雞眼釦裝飾,裡袋身返口縫合即完成。

Part 2

基礎方型三片立體包打版

橙色年華側背包

基本款 尺寸：31.5×32×10cm

基本工具和公式 請參照 P4-P5

基本概念 三片版型概念

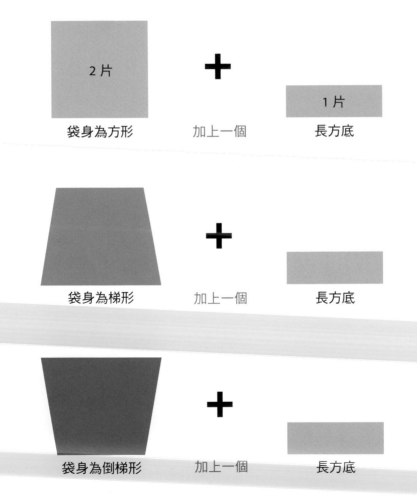

由以上圖示理解，不論袋身是正方形、長方形、正梯形或倒梯形，
另外再加上一個長方形的底版就是三片式的立體包款。

基本準則：我要的包可以裝下甚麼東西？

製版方法

1. 用想要裝的物品大小來當作標準尺寸
2. 計算另一邊的大小
3. 得出我要的包長寬尺寸
4. 計算包身的厚度尺寸
5. 畫出包的正確版型

製版動作 使用單元一中的尺寸來作示範→即 31.5×32×10cm

步驟一
確認第一條線的數據：
29.5+2+10=41.5cm 怎麼
跟上面的示範尺寸不同？
計算方法參照單元一。

步驟四
計算實際所需的尺寸：
底制定為 10cm，所以完整的
袋身版尺寸為 41.5×32cm
（後尺寸為袋身高）

步驟二
第二條線參照比例計算：
橫線為 41.5cm，
直線 32cm

步驟三
制定底的寬度：底寬 10cm
袋底的大小為 10×31.5cm
（後尺寸為袋身寬）

步驟五
開始畫版型

先畫草圖

說明：在草圖或是資料照片上標註各尺寸。

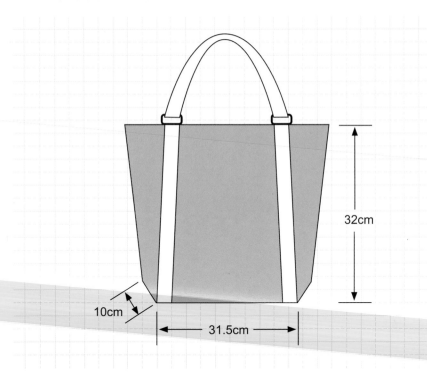

32cm

10cm

31.5cm

開始畫版型

❶ 畫下第一條線段

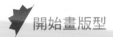

41.5cm

→ 線段要水平，請用三角尺確認，如果用方
格紙畫就不需確認。

❷ 繼續畫已計算好的線段

《袋身版》

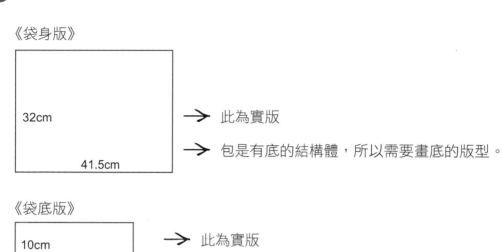

→ 此為實版

→ 包是有底的結構體，所以需要畫底的版型。

《袋底版》

10cm

31.5cm

→ 此為實版

❸ 確認版型

底版的寬跟袋身不同，這邊要注意，所以精確的計算很重要，也可以避免版型的重複修正。再對照草圖或參考照片，看是否就是我們要的版型，確認後貼在厚卡紙上並裁剪，就可以開始製作包包。

紙型 A 面附版型

本節問題

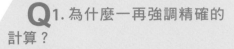

Q1. 為什麼一再強調精確的計算？

A：只有透過精確的計算，可以降低畫錯版型的困擾，或是重複修正版型的時間，我們可以花更多的時間在設計創作上，所以精確的計算很重要，更重要的還有確認版型喔。

Q2. 袋身版跟底版分開畫的目的為何？

A：這就要討論到包包的使用或是材質的厚薄程度，此單元討論的即為袋身版與袋底版分開的畫法，目的在於建構一個包包的結構體，無論是一體成型，或是分開的版型，都能達到我們想要的形狀，所以在創作思考的時候，使用的目的性也很重要，它會決定該怎麼來畫這個版型。

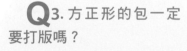

Q3. 方正形的包一定要打版嗎？

A：方正形的包款，也可以只將尺寸正確算好後記下即可，但這是在我們已經很熟練方正形的打版尺寸跟製作方法的狀況下，如果仍不是很熟悉，還是不要偷懶，建議將版型畫出為好。

Q4. 手繪版型如果在沒有工具下該如何完成？

A：沒有量測工具的狀況下，建議不要畫任何有曲線狀的版型；直線形的當然沒有問題，只需要將計算好的尺寸記下，照著需要的尺寸來剪裁就可以了，前提仍然是我們已經非常熟悉計算方式。

半面主義肩背包

變化款為看起來比較方正的包款，不過實際上則會以梯形計算。

製版動作 使用基本款數據為參考值

步驟一
確認第一條線的數據：
29.5+2+10=41.5cm

步驟二
第二條線參照比例計算：
橫線為 41.5cm，
直線 32cm

步驟三
制定底的寬度：
底寬 10cm

步驟四
計算實際所需的尺寸：
底制定為 10cm
橫線：下寬固定→ 41.5cm，
上寬→ 41.5-10=31.5cm

步驟五
開始畫版型

★ EXAMPLE ★
直向的方包版型
Lateral side bag
變化款

先畫草圖

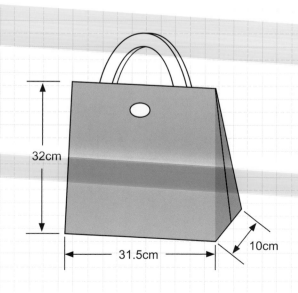

32cm

31.5cm

10cm

開始畫版型

1 畫下第一條線段

———————————— → 線段要水平,請用三角尺確認,如果用方
　　41.5cm　　　　　　　格紙畫就不需確認。

2 繼續畫已計算好的線段

《袋身版》

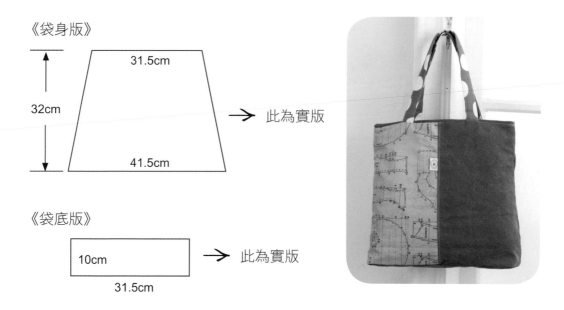

→ 此為實版

《袋底版》

→ 此為實版

3 確認版型

根據底寬畫出大小後,清楚的標上尺寸,再與原設計或照片資料對照,可以
明確了解包款大小是不是我們所需要的,如果還不是,只要回去修正尺寸,
重新計算一次,就能更容易得到需要的包款大小版型;經過這樣的計算之後,
可以不必花太多的時間在製作修正上。

Q1. 我該如何得知甚麼時候該畫梯形的版型？

A：原則上要維持整個包是方正的時候，記得包是有厚度的，這時就會需要用到梯形的版型，當然使用方形的版型是沒有問題的，只是袋形永遠會成為水餃形，這也是為什麼需要找參考照片或是畫草圖的原因之一。記得，大方向不變，就是包包的用途，再加上想要它看起來的樣子，這樣去判斷需要畫的版型就可以了。

Q2. 這單元的包款袋底可以是正方形嗎？

A：當然可以，那就要改變側身的厚度，再去計算最後的版型結果就可以。不過前提還是回到原來的問題，你想要包包看起來的樣子？如果想要它是水桶包，底使用方正形比較適合，如果想要它像托特包，底是長方形比較適合，這樣對於包體的結構就比較有概念了。

Q3. 這單元的袋身如果為倒梯形可以嗎？

A：當然可以，這樣會形成包的開口較大，同樣會變成水餃形的包款。所以同樣也要在製作前先思考我們所要的包形樣子，接著再畫出版型。

 **變化包款製作方法** <u>紙型 A 面</u>

 使用材料及配材

用布量：表裡各 2 尺

　　　　（裁布均按版型外加縫份，加襯與否視個人需求）

裁布與配件：

a. 袋身－依紙型　表裡各 ×2 片

b. 袋底－依紙型　表裡各 ×1 片

c. 提把－ 12×50 ～ 70cm（長度可依個人需求調整）×2 條

d. 內部口袋－視個人需求製作

e. 裝飾皮標或布標：適量

將打版製作出成品（附紙型參考），因本書以講解打版為主，製作上就不多作贅述。

製作流程

01 所有配材均依照版型裁剪準備好。

02 包款若有分割裁片，要先依照原版型接合好（如裁整片則可省略）。

03 製作提把，或使用現成提把亦可。

04 將提把固定在表袋布上適當位置（不指定位置是因為每個人需求不同，所以沒有規定要在哪個位置）。

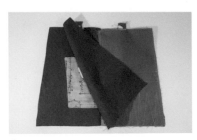

05 兩片表袋身正面相對，側邊車合。

06 再接縫表袋底。

07 請注意，如果想翻回正面後底角是方正的，則需在四周縫份剪出斜角。

08 製作裡袋，若有分割裁片就先接合，內部口袋依照個人需求製作。

09 接合裡袋身側邊，其中一側留一段返口。

10 再接縫裡袋底。

11 表裡袋身正面相對套合，袋口處對齊後車縫一圈。

12 翻回正面，袋口壓線一圈，再縫合返口即完成。

Part 3

基礎方型三片或五片立體包打版

黃澄日光手提包

基本款 尺寸：31.5×32×10cm

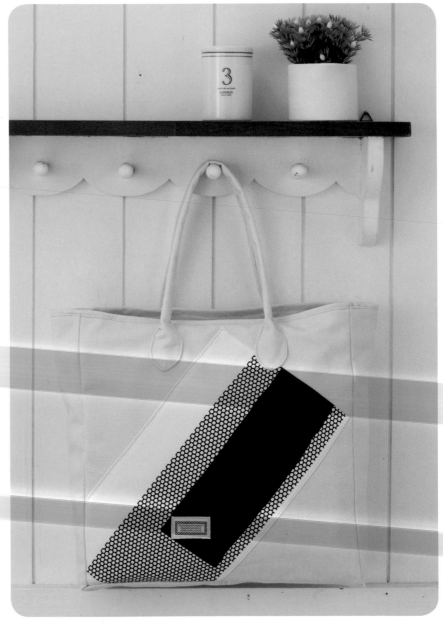

基本工具和公式 請參照 P4-P5

基本概念 三片版型 II 概念

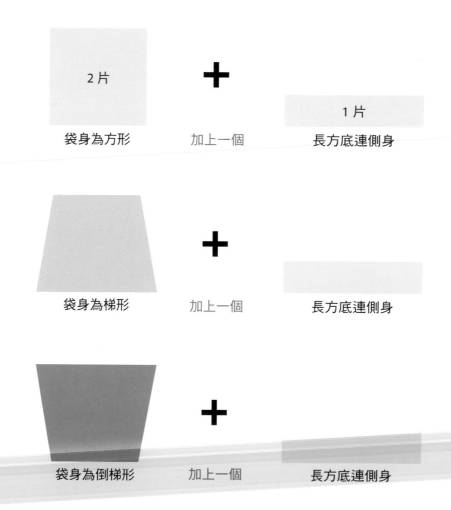

2片
袋身為方形

＋
加上一個

1片
長方底連側身

袋身為梯形
加上一個
長方底連側身

袋身為倒梯形
加上一個
長方底連側身

由以上圖示理解，袋身為單獨一片，不與側身相連接；將側身連接袋底作為一片版型的方式，就是另一種三片式的立體包款。

三片式延伸為五片型

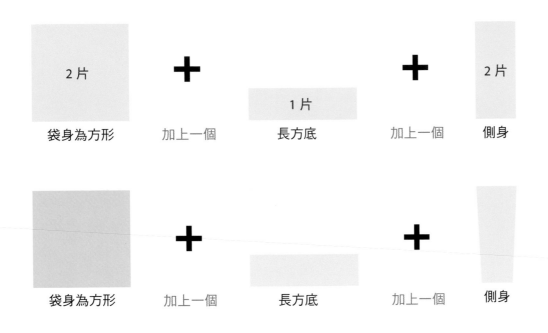

2片		1片		2片
袋身為方形	加上一個	長方底	加上一個	側身

袋身為方形	加上一個	長方底	加上一個	側身

基本準則：我要的包可以裝下甚麼東西？

製版方法

1. 用想要裝的物品大小來當作標準尺寸
2. 計算另一邊的大小
3. 得出我要的包長寬尺寸
4. 計算包身的厚度尺寸
5. 畫出包的正確版型

製版動作 使用單元一中的尺寸來作示範→即 31.5×32×10cm

步驟一
由尺寸得知第一條線的數據：
31.5cm

步驟二
第二條線參照比例計算：
直線取 32cm
→袋身的大小為 31.5×32cm

步驟三
底的寬度：10cm
→袋底尺寸為 10×31.5cm

步驟四
計算實際所需的尺寸：
底制定為 10cm，記得這邊還有
一個兩邊側身連接的長度，
所以完整的側身連接袋底版尺寸為
10×95.5cm（袋身外圍的尺寸相加，不
含袋口處：32+31.5+32=95.5cm）

步驟五
開始畫版型

基本款

 先畫草圖

說明：在草圖或是資料照片上標註各尺寸。

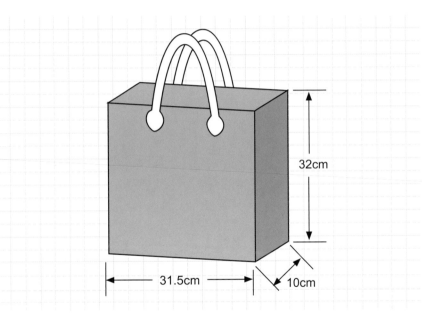

32cm

31.5cm

10cm

開始畫版型

1 畫已確認好的線段

說明：線段要水平，請用三角尺確認，如果用方格紙畫就不需確認。

《袋身版》

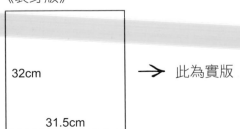

32cm

31.5cm

→ 此為實版

❷ 畫袋身連接底版

由於袋身連接底版尺寸較長，一般而言，如果版型為方正且對稱，就可以只畫一半的版型示範。

《袋身連接底版》

10cm   摺雙   ➜ 此為實版

47.8cm

✴ 47.8cm 從何得知？底 31.5cm+ 兩邊側身 32cm+32cm=95.5cm，摺雙要除以 2 就可以得出。

❸ 確認版型

這個單元為袋身、側身和底版分開的製版方法，所以要注意側身連接袋底的長度計算，否則製作時可能會因為小誤差而無法接合，因此最後一個確認版型的動作不可省略。同樣對照草圖或參考照片，看是否為我們要的版型，確認後貼在厚卡紙上並裁剪，就可開始製作包包。

    紙型 A 面附版型

本節問題

Q1. 這個單元的側身與袋底分開畫可以嗎？

A：確定是可以的。只是因為剛好都是等寬，畫成一體在製作上就可以不用再接縫，如果因為配色需求，還是可以拆開來畫，包包變化度也會比較廣。所以同樣的，在畫版型的時候，先想想你的包要呈現什麼樣的效果，再決定是否將版型分開繪製。

Q2. 方正形的包包如何判別它是梯形版或方形版？

A：當我們拿到一張包包照片，其實只要看袋身是否上下等寬或不等寬，就很容易可以知道它是梯形版還是方形版，但側身就會比較不容易判定，不過也不用氣餒，當我們累積夠多打版跟製作的經驗值時，同樣也是很容易判別的。所以開始動手畫版型吧！同時建構更多的包包結構概念在我們的腦海中，將會對創作更有幫助喔。

夢中旋律側背包

變化款尺寸與基本款非常類似，運用延伸的側身與袋底拆開來的方式示範，
成為五片版型，所以會著重在側身的版型。

製版動作 使用基本款數據為參考值

步驟一

確認第一條線的
數據：31.5cm

步驟二

第二條線參照比例計算：
袋身的大小為 31.5×32cm

步驟三

制定底的寬度：
底寬 10cm
袋底尺寸為 10×31.5cm

步驟四

由於此款變化款著重於側身的設計，
故側身需另外拿出來討論。

側身寬度 = 底的寬度，側身的高度 = 袋身的高度

得知側身會是 10×32cm
我們可以在側身的開口處作點變化，

使其成為 →

因此，側身斜度的尺寸就會變成 32cm，這個梯形的高就會改變。
那麼，上面的寬度如何決定呢？

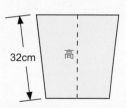

※ 計算實際所需的尺寸：

底為 10cm；上端寬度建議 1.5 倍的底寬（根據比例的計算方式來算）
→上底寬為 15cm
→實際上的高 =31.9cm（從上底垂直延伸）
運用國中數學畢氏定理，即可求出正確的高度，

$$a^2 + b^2 = c^2$$

步驟五

開始畫版型

變化款

先畫草圖

說明：在草圖或是資料照片上標註各尺寸。

開始畫版型

①畫已確認好的線段

說明：線段要水平跟垂直，用三角尺確認（如果用方格紙畫就不需確認）。

《袋身版》

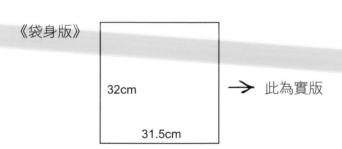

此為實版

②《袋底版》

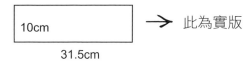

→ 此為實版

③ **畫側身版型**

說明：由剛剛計算側身得出的結果來繪製。

《側身版》

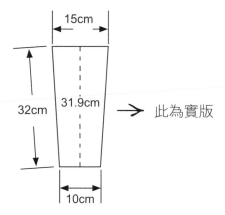

→ 此為實版

④ **確認版型**

這個變化款為袋身、側身、底版分開的製版方法，是以側身的變化為主，因此側身的尺寸更須注意精確計算，否則側身有可能非我們原先設想的樣子。最後同樣需要確認版型，對照草圖或參考照片，看是否為我們要的版型，確認後貼在厚卡紙上並裁剪，就可以開始製作包包。

Q1. 側身的高度為何不能直接使用袋身高度？不是只差一點點嗎？

A：在布製品上，誤差 0.1～0.5cm 尚且為可接受範圍，因為布製品比較容易拉伸或裁剪，但如果我們使用的是皮革呢？皮革的誤差連 0.1cm 也最好要避免，有可能因為打洞或是使用更專業的縫紉機車合時，會產生無法接合的慘劇，因此能算的精準當然是最好的。

Q2. 這單元的包款側身還有別的畫法嗎？

A：當然有的，不過前提還是回到原來的問題，就是我想要我的包看起來的樣子？再畫出最後的版型就可以了。

Q3. 這單元的袋身如果是梯形可以嗎？

A：當然可以，這樣會形成包的開口變很大喔，試想袋身已經是梯形，側身如果也是梯形，那不就會變成船的樣子呢？可以想像一下，或者把這樣的梯形試著畫畫看，就會得出船形的樣子了。所以，同樣也是要在製作前先思考我想要的包形樣子，接著再來思考究竟是袋身作變化或是側身作變化。

 **變化包款製作方法**　紙型 A 面

 使用材料及配材

用布量：表裡各約 2 尺

　　　　（裁布均按版型外加縫份，加襯與否視個人需求）

裁布與配件：

a. 袋身－依紙型　表裡各 ×2 片

b. 側身－依紙型　表裡各 ×2 片

c. 袋底－依紙型　表裡各 ×1 片

d. 提把－ 3×50 ～ 70cm（長度可依個人需求調整）×2 條

e. 前側拉鍊口袋－ 18×25cm　裡 ×1 片（已含縫份）

f. 袋口拉鍊：50cm　×1 條

g. 前側拉鍊：15cm　×1 條

h. 裝飾皮標或布標：適量

將打版製作出成品（附紙型參考），因本書以講解打版為主，製作上就不多作贅述。

製作流程

01 所有配材均依照版型裁剪好。

02 由於示範包款有切割裁片，因此將提把車在剪接處，再用另一片袋身直接夾車固定即可。

03 製作前側口袋，先將拉鍊貼於袋身側邊，貼上裡布拉鍊口袋再車縫固定。

04 取一片表側身和拉鍊口袋的另一側夾黏好拉鍊的另一邊,並車縫固定。

05 將表側身與袋身車合,再將側邊口袋的兩側車合。

06 將另一片表側身跟表袋身另一側車合,備用。

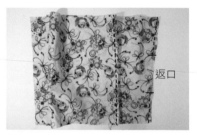

返口

07 裡袋身與側身同方式接合,並在一側留返口。

08 拉鍊一邊先固定在表袋身袋口處,拉鍊尾端需留 3～4cm 方便拉開。(或使用夾克拉鍊可以整個拉開)

09 另一側拉鍊同作法接合。再將表裡袋身正面相對套合,袋口處對齊並車縫一圈。

10 袋身底部與表袋底四邊對齊車合,要將四個角的縫份修剪成斜角。裡袋同樣作法完成裡袋底。

11 翻回正面,袋口處壓線一圈固定。

12 將返口縫合後即完成。

Part 4

基礎曲線立體包打版

綠草如茵手挽包

尺寸：31.5×32×10cm

 基本工具和公式　請參照 P6-P7

 基本概念　曲線版

兩底圓角　　　　　　　　　　　正圓形

四周圓角　　　　　　　　　　　橢圓

以上都是屬於曲線的範圍。
所以在包包版型裡面，除了直線構成的部分外，會有讓包包更美
觀的曲線畫法，這些屬於曲線的包款版型。因此計算的時候，除
了直線的尺寸外，需要再加上曲線（或圓弧線）的尺寸。

基本準則：我要的包可以裝下甚麼東西？

製版方法

1. 用想要裝的物品大小來當作標準尺寸
2. 計算另一邊的大小
3. 得出我要的包長寬尺寸
4. 計算包身的厚度尺寸
5. 畫出包的正確版型

製版動作 使用前單元中的示範尺寸：31.5×32×10cm
由範例包款清楚的看到，袋身底為圓角，而側
身為長方形，且不論整個袋子呈現的方式，
根據這樣的尺寸，我們要如何制定
版型呢？

步驟一

確認袋身的版型樣子。

包的袋身版型將會如下：

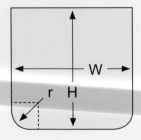

步驟二

制定圓角尺寸：

就以上的範例得知高度是 32cm。

這裡有參考數據→圓弧半徑大約在 6cm ～ 8cm 之間比較合適，

也就是大約為高度的 1/5 ～ 1/4 就可以了，

這個高度的 1/5 ～ 1/4 的圓角比例是怎麼得來的？

其實圓角的推算並沒有一定比例，但在初學版型的制定時，我們需要有一個參考值，

否則很難憑空去畫出圓角；目前這個數值是根據經驗法則，畫出來是比較合理且適合的

數值，當然也可以打破這樣的常規來設計屬於自己適合的版型。

→以此例來計算這個版

H=32cm　　W=31.5cm　　r=6cm

兩個底角是不是剛好是 1/4 的圓，所以這個圓弧線段的計算方式就是

$1/4 \times 2\pi r$ →弧線的部分長度 $=1/4 \times 2\pi r = 1/4 \times 2 \times 3.1416 \times 6 = 9.43$

（約略可取 9.4cm）

步驟三

計算袋底與側身的長度：

由（步驟一）得到袋身的總長度如下 ↓

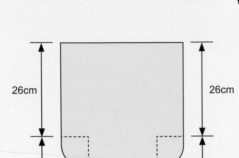

26cm   26cm

9.4cm   19.5cm   9.4cm

所以袋底連結側身的總長 = 袋身總長

→ 26+9.4+19.5+9.4+26=90.3cm

步驟四

實際所需的底版連側身尺寸：底寬 10cm

→ 底連側身的尺寸為 10×90.3cm

步驟五

開始畫版型

基本款

先畫草圖

說明：在草圖或是資料照片上標註各尺寸。

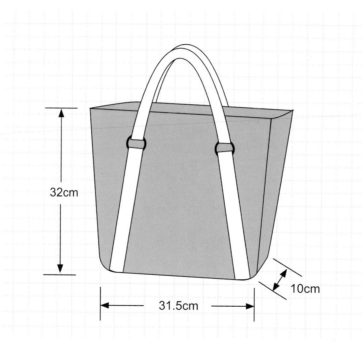

32cm

10cm

31.5cm

開始畫版型

1 曲線版畫版型的方式

【A】製圖時先將長方框畫出來，之後決定圓弧的大小。

【B】將各尺寸位置畫出來，用圓規或是有標示尺寸的圓版畫上圓弧，就是所需要的版型。

【C】這邊一定會有疑問？那版型的長跟高怎麼制定呢？

（請參照單元一的方法就可以了）

② 畫袋身連接底版

畫出已經計算好的線段
如下圖 ↓

26cm

6cm

6cm 19.5cm 6cm

→ 此為實版

③ 畫側身連接底版

10cm

摺雙

45.2cm

→ 此為實版

（袋身總長 90.3/2 ≒ 45.2cm）

④ 確認版型

將所有已知的尺寸全部標示出來，對照我
們的草圖或參考照片，看是否為我們要的
版型；確認後貼在厚卡紙上並裁剪，就可
以進行製作包包了。

紙型 A 面附版型

本節問題

Q1. 圓角可否隨便畫成喜歡的任意弧度？

A：這個答案，在電腦的製圖軟體中肯定可以，因為線段長度在電腦中可以很精準的度量出來，但對於手繪就會複雜許多，目前還沒有這樣的測量工具來量出正確的數據，此時就看我們是如何畫出這個弧度，因為最後還是要變成實際的尺寸才能製作包包。

Q2. 皮尺可否當作測量曲線的工具？

A：當然可以，但前提在於使用的皮尺誤差不會太大的狀況下，這樣畫出來的弧形線段才能使用皮尺來測量，否則最後在製作包包時，又會發生袋身、側身、底版接不起來的誤差值，導致要花時間重新製版以及耗材，所以在繪製曲線包款時，同樣也是透過精確的計算，減少修版的次數。

旅行的記憶肩背包

變化款 尺寸：31.5×32×10cm

變化款整體看起來都會比較圓，因為將袋身作了梯形的變化，可以讓包款更可愛。

製版動作 使用基本款數據為參考值：31.5×32×10cm

★其實我們已經使用很多次這組數據來作打版的尺寸，所以可以發現，雖然數據相同，但是由於不同的打版方式呈現，包款看起來也會有大小之分。

因此在本書，全部使用同一組數據來作版型的變化示範，腦中更容易建構出包款，如此一來，對於自身的創作設計也會大有幫助。

步驟一

確認袋身版型的樣子。

包的袋身版型將會如下：

〈形成上窄下寬的圓角梯型版〉

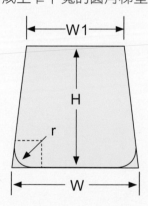

步驟二

參照比例制定袋身版上面的寬度，也就是
W1 的部分。由已知的 W=31.5cm
那麼 W1 取多少比較適合？
因為我們想要將這款包的提把與袋身車在一起（如示範包），故上端的寬度必然不能太寬，可以參照一般製作提把位置時的距離，大約會在 20cm 範圍內（12 ～ 20cm 距離內），這邊暫時先以最寬的 20cm 來作計算。

→ W1 約略 =20cm

步驟三

制定底的寬度： 底寬為 10cm

表示袋底的尺寸為 10×31.5cm

因此先將直線部分的尺寸分別標示出來（如下）

由於版型已變成梯形

所以還要求出 H1 的尺寸

由上圖紅色虛線可得出一個

直角三角形，因此就可以算出 H1

的正確尺寸為 32.5cm

（計算公式參照 P.43 畢氏定理）

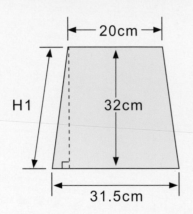

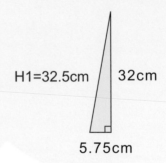

步驟四

計算袋身底角圓角。

根據基本款的原則，可以將 r 定為 6.5cm

如下圖標示：

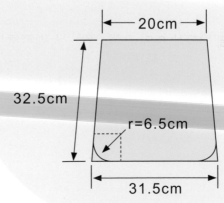

步驟五

計算側身尺寸：

側身的尺寸可以參照最原始的底寬尺寸→ 41.5cm

也就是上寬目前為 20cm

兩側的側身寬度 41.5-20=21.5cm

畫個圖來表示：

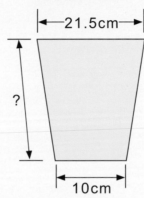

由上圖得知還要求出（？）的長度，

因此我們必須先算出整個袋身的長度，

袋身的長度由（步驟四）圖示可以算出：

總長約 89.5cm（U 字型的側身袋底長度 =

兩個底弧度＋扣掉左右 r 的底直線段＋兩斜邊扣掉下方 r 的剩餘長度）

算法：2（1/4x2πr）＋（31.5-6.5x2）＋（32.5x2-6.5x2）

=20.4+18.5+52=90.9

★總長粗算可得 90.9cm，但別忘了此版型為梯形，

扣掉的部份應比 6.5cm 長一點，大約需乘以 **98.5%**，可得出 **89.5cm**。

這邊扣除已知的底長度 31.5cm

→兩邊的側身（？）長度為 =（89.5-31.5）/2=29cm

再算出中心高度即可→約為 28.4cm

步驟六

開始畫版型

★ EXAMPLE
方包圓角版型
Lateral side bag

變化款

◆ 先畫草圖

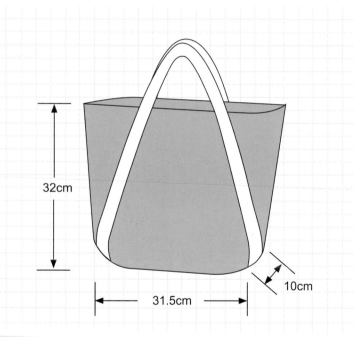

32cm

31.5cm

10cm

◆ 開始畫版型

1 《袋身版》

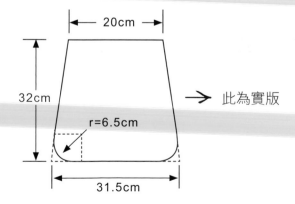

20cm

32cm

此為實版

r=6.5cm

31.5cm

✹ 版型畫好後就可以將紫色的虛線去掉，留下紅色實線的部分。

② 《袋底版》

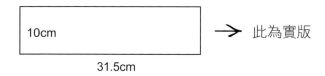

10cm

31.5cm

→ 此為實版

③ 《側身版》

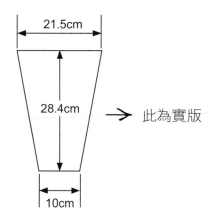

21.5cm

28.4cm → 此為實版

10cm

④ **確認版型**

將所有畫好的版型清楚的標上尺寸，對
照一下草圖或照片，確認為我們要的版
型後，貼在厚卡紙上並裁剪，就可以進
行製作包包了。

本節問題

Q1. 這個單元的版型花很多時間在算尺寸上，覺得很麻煩，是否有更容易的方法？

A：當然有的，當熟悉這樣麻煩的手算過程後，再來以電腦軟體製圖，就會越發容易，而且手算的優點在於沒有任何的輔助工具下，也能精確的算出實際上設計的包款尺寸，不需要先用一張牛皮紙摺出包的大小，再攤平反覆修正摺的大小或角度，最後才能確認尺寸裁剪。所以這是學習打版的重要過程，多多練習，定能熟能生巧。

Q2. 曲線單元似乎沒有想像中容易，以為只要用圓規畫好就能作，應該如何才能進入狀況？

A：對，這也是本書撰寫的目的之一，從練習計算的角度來畫出一個從無到有的版型，除非全部都是直線，否則計算將是必要的過程，但了解之後再從創作的角度出發，就更能掌握打版的精髓，以後拿到任何的包款都難不到你們。所以跟著本書的步驟 step by step，就可以慢慢進入狀況，切記急不得，只有在穩紮穩打中奠定下的基礎觀念，才是永遠屬於你的，只要透過練習，一定可以駕輕就熟喔。

 紙型 A 面

 使用材料及配材

用布量：表裡各約 3 尺
　　　　（裁布均按版型外加縫份，加襯與否視個人需求）
裁布與配件：
a. 表袋身－依紙型　表 ×2 片
b. 裡袋身－依紙型　表貼邊 ×2 片，貼邊下裡 ×2 片
c. 側身－依紙型　表裡各 ×2 片
d. 側身拉鍊裝飾袋－依紙型　表裡各 ×4 片（注意左右方向性）
e. 袋底－依紙型　表裡各 ×1 片
f. 提把－織帶 3×110 ～ 130cm（長度可依個人需求調整）×2 條
g. 袋口拉鍊布－ 5×22cm　表裡各 ×2 片（已含縫份）
h. 內前側拉鍊口袋－ 18×25cm　裡 ×1 片（已含縫份）

將打版製作出成品（附紙型參考），因本書以講解打版為主，製作上就不多作贅述。

i. 內口袋－隨個人喜好製作
j. 裝飾袋拉鍊：33.6cm（實際使用長度）×2 條
k. 袋口拉鍊：25cm×1 條
l. 裝飾皮標或布標－適量

 製作流程

01 此示範包款多加了側身的變化。
拉鍊裝飾袋版型畫法如右：
將這個變化的拉鍊裝飾袋版畫在側身上面，要扣除中間 1cm 的拉鍊寬度。

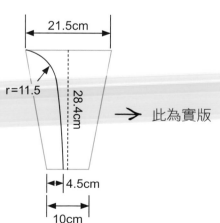

21.5cm

r=11.5

28.4cm

此為實版

4.5cm

10cm

✻ 由於為左右對稱版，故可只畫一邊，裁布時注意方向即可。
✻ 裝飾袋的總長為 33.6cm（由弧線段 r=11.5cm+直線段的總合）

02 另外我想在裡袋身車縫拉鍊口布，因此必須將裡袋身切割為上下兩片版（上片版距離可取 5cm），加畫裡布版型如右：

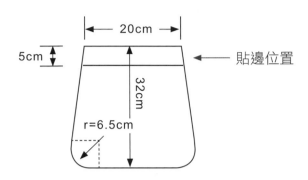

20cm

5cm

32cm

r=6.5cm

貼邊位置

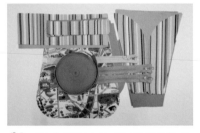

03 所有配材均依照版型裁剪準備好。

04 製作側邊拉鍊裝飾袋，表裡布夾車拉鍊並延弧線車縫固定,將左右兩側車縫好。

05 取側身片上方擺放拉鍊裝飾袋，先疏縫三邊，共完成兩組。（拉鍊邊壓線或不壓線均可）

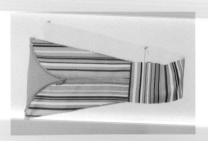

06 兩側身與袋底相接合。

07 織帶提把對折，頭尾端車縫固定。

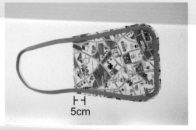

5cm

08 將織帶對折固定在表袋身上，並沿著U字型邊車縫，勿車到縫份處，袋口下預留約 5cm 不車。

09 表前後袋身與側身袋底對齊車縫 U 字型固定。

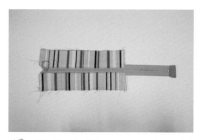

10 製作拉鍊口布。（一般拉鍊口布常用車法，此不再說明）

11 製作內袋口袋（隨個人喜好製作）。

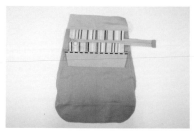

12 將拉鍊口布與裡袋貼邊夾車，壓線或不壓線均可。

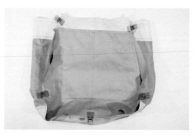

13 取裡側身與袋底先接合，再與裡袋身接合。

14 表裡袋身正面相對套合，袋口處對齊車縫固定。

15 翻回正面，袋口壓線一圈，裡袋返口縫合。

16 完成。

說明：這個包款由於兩側的變化可讓整個袋身呈現更多元的風格。

Part 5

正圓底立體包打版

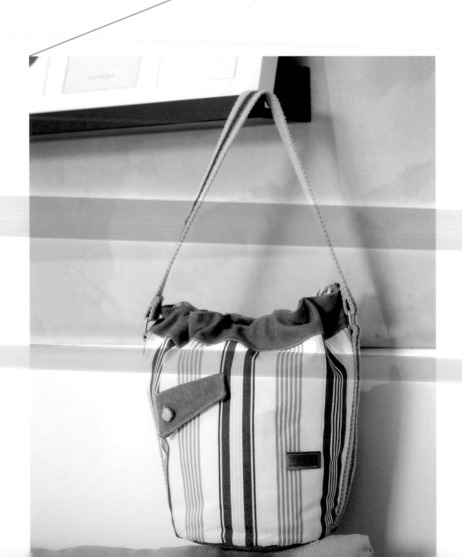

藍天碧海圓滿包

基本款 尺寸：31.5×32cm

 **基本工具和公式** 請參照 P6-P7

 基本概念

正圓形

本單元單獨將正圓拿出來討論，是因為正圓有其特殊之處，它既可以當袋身，也能當袋底或側身，究竟如何運用，仍然要回到我們想要包款呈現什麼樣子。

不過正圓在我們生活中被廣泛的運用在水壺袋上，因為水壺正好是個圓柱體，所以由此看來，在正圓的包款中，會有很多屬於不在比例範圍內，因為水壺袋就只是個容器，極少讓我們背在身上，所以在這個單元中水壺袋不在我們的討論範圍，還是以正常背在身上的包款為主。

基本準則：我要的包可以裝下甚麼東西？

 製版方法

1. 用想要裝的物品大小來當作標準尺寸
2. 計算另一邊的大小
3. 得出我要的包長寬尺寸
4. 計算包身的厚度尺寸
5. 畫出包的正確版型

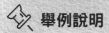 **舉例說明**

使用前單元中的示範尺寸：31.5×32×10cm

正圓的底很常被使用在水桶包上。範例包款雖然是
屬於束口袋型的包款，但它的基礎還是水桶包，如
果我們還是使用原來的尺寸作為這款包的打版，維
持原尺寸不變的狀況下，該如何計算這個圓底呢？

 製版動作

步驟一

計算圓底尺寸：
已知包的寬度是 31.5cm
也就是 1/2 圓周長應該為 31.5cm
根據（單元四）的計算公式
可以求出 r ≒ 10cm，所以 D=20cm

（直徑）
20cm

步驟二

標示出袋身尺寸 31.5×32cm。

原來的厚度 10cm 在正圓底可以暫時不理會它，因為我們已經從袋身的寬度去算出圓的真實大小，因此這個厚度可以當作參考值就好。

→由此得知，正圓底的包款表示方式可以是 31.5×32cm 或 31.5×32×20cm

步驟三

由於本單元的圓底尺寸是沿用範例包款尺寸，因此圓底大小使用倒推算法。正常在沒有尺寸的限定下，不用這麼複雜的算法，仍然按照制作一個包從頭到尾的計算方式即可。定了圓的大小之後，再來制定袋身的尺寸就可以了。本單元可當作另一種打版方式，提供另外的思考方法。

我們可以記下這款包的尺寸

圓底：半徑 r=10cm

袋身尺寸：31.5×32cm

步驟四

開始畫版型

先畫草圖

先畫出草圖或放上照片圖檔。

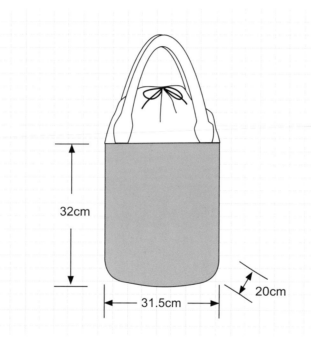

32cm

31.5cm

20cm

開始畫版型

① 正圓底版畫版型的方式

【A】製圖時先了解圓底為已知或未知，已知則直接製版即可，未知則需推算出正確的圓底尺寸再進行製版。

【B】正圓要使用圓規或以正圓形的圈圈版來製圖，千萬不要用弧形的版來畫圓，畫出來就不是正圓了。

❷ 畫出已經計算好的各版型

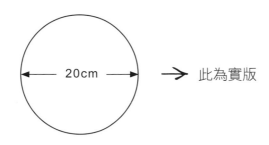

20cm → 此為實版

✹ 正圓的尺寸標示方法為上圖，或者標註 r=10cm。

❸ 畫袋身版

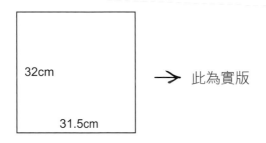

32cm → 此為實版

31.5cm

❹ 確認版型

將所有已知的尺寸全部標示出來，對照草圖或參考照片，看是否為我們要的版型，確認後貼在厚卡紙上並裁剪，就可以進行包包製作。

纸型 A 面附版型

本節問題

Q1. 正圓底可否只畫一半的版型，之後摺雙使用？

A：最好不要，除非使用的是電腦製圖。使用電腦製圖直接畫圓也比較精準，只要輸入一個半徑的尺寸就可以畫成一個圓，因此畫半圓其實是自找麻煩，如果使用半圓來當作裁剪布料的依據，也很容易產生尺寸的誤差，無法形成正圓，所以畫圓不要省略這樣的步驟。

Q2. 正圓底的圓要怎麼去決定適合的大小？

A：除了水壺袋或有固定容器指定的包袋之外，如果用在一般包包上，還是依照單元一的方式來制定，這樣最容易上手。累積一定的經驗之後，就能很容易的判別圓底包的大小了。

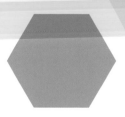

錦瑟束口包

變化款 尺寸：31.5×32×20cm

此變化包款也是束口袋的一種，其實正圓底的包款，上方開口除非是作倒梯形袋身，否則開口端都會讓人感覺比較大，而且這樣的包款，袋口比較難以拉鍊口布處理，因此一般會以束口的方式來作收尾。不過束口的袋身也同樣有很多種作法，日後設計的時候就可以多面向的思考一下，本單元以正圓底的水桶包當作範例來說明。

製版動作

使用基本款數據為參考值：31.5×32×20cm

步驟一

確認袋身的版型樣子。
包的袋身版型將會如下↓
〈形成上寬下窄的梯形版〉

不過我們還需計算實際的尺寸。

步驟二

參照已知的尺寸約為 31.5×32×20cm
也就是底的部分固定為 20cm → r =10cm
袋身底端的尺寸約為 31.5cm（剛好是圓的 1/2 周長）
→可以推算袋身上端的尺寸（紅色箭頭的寬度）

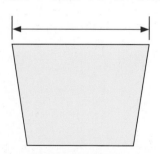

★推算方式如下：

這邊可以直接使用高度 =32cm
上端尺寸使用之前比例的計算方式就可以了→約為 41.5cm

◎其實袋身版跟基本款版型一樣也無所謂，只不過我們此處稍作
變化，可以更了解所謂的梯形跟方形版的差異。

步驟三
開始畫版型

→袋身的正確尺寸為上寬 41.4cm、下寬
31.5cm、高度 32cm。

變化款

▶ 先畫草圖

先畫出草圖或放上照片圖檔。

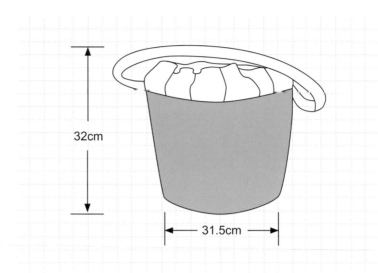

▶ 開始畫版型

1 《袋身版》

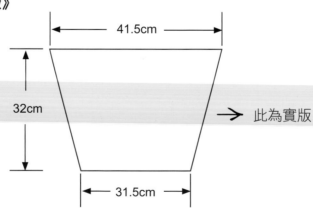

→ 此為實版

2 《袋底版》

半徑 r=10cm 的正圓底。

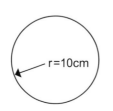

3 確認版型

將所有畫好的版型清楚的標上尺寸，對照一下草圖或照片，確定為原先的構想之後，就可以開始製作包包了。

本節問題

Q1. 正圓底袋款只能作束口型的包嗎？

A：其實變化款同樣可以很多，袋口直接以拉鍊封起來也未嘗不可，只不過需要思考的是背起來的樣子，以及正圓袋底的大小。正圓底如果過大，背在身上會有卡卡的感覺，所以關於正圓底的包型，不妨多看多畫，一定能設計出最適合自己的款式。

Q2. 正圓底的優缺點？

A：我們討論一下正圓底的優缺點。

優點：正圓可容納各種不規則狀的物品。例如：水壺、角架、各種工具等，只要將袋身作成圓形的底，就可以方便的收納好這些不規則形狀的物品。

缺點：由於侷限於底是正圓，所以袋子本身在收納的時候會比方形來的占空間，因此便會有筒形的設計（也就是將圓底變成側身的設計方式），或是整個大圓用來當作袋身。在創作的時候，我們可以根據版型的優缺點來作設計，這也是一種思考面向喔！

變化包款
製作方法 　紙型 A 面 ....

 使用材料及配材

用布量：表裡各約 2 尺
　　　　（裁布均按版型外加縫份，加襯與否視個人需求）

裁布與配件：

a. 表袋身－依紙型　表 ×2 片

b. 裡袋身－依紙型　貼邊 ×2 片，裡 ×2 片

c. 束口繩固定布－ 5×40cm　裡貼邊位置 ×2 片（含縫份）

d. 袋底－依紙型　表裡各 ×1 片

e. 提把－織帶 3×110 ～ 130cm（長度可依個人需求調整）×1 條

f. 前後裝飾口袋－隨個人喜好製作（已附上示範紙型）

g. 內口袋－隨個人喜好製作

h. 裝飾皮標或布標：適量

i. 束口用人字帶：2 碼

j. 3cm 口型環：2 個

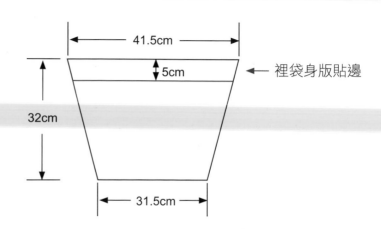

將打版製作出成品（附
紙型參考），因本書
以講解打版為主，製
作上就不多作贅述。

 製作流程

01　由於我要在這個變化包款內暗
藏束口繩，所以裡袋身版需再加
上貼邊的版型。

多加一個版型如右：

41.5cm

5cm　← 裡袋身版貼邊

32cm

31.5cm

02 所有配材均依照版型裁剪準備好。

03 前後表袋身依喜好製作裝飾口袋和車縫皮標。
※ 表袋身可以切割成上下片，自由配色組合。

04 範例：可以在袋蓋下加車隱藏的一字型口袋。

05 表袋身正面相對車合一邊固定。

06 翻回正面，側邊先置中車縫套入口型環的織帶，再車縫另一側邊。

07 完成好兩側織帶車縫，再翻到背面接縫袋底一圈。

08 貼邊和裡袋身車合。取束口繩固定布，先摺燙左右兩邊並壓一道線，再摺燙上下兩邊。

09 將束口繩固定布車縫在貼邊中間位置。內口袋依喜好自行製作好。

返口

10 將裡袋身正面相對車縫兩側，一側邊留返口。

11 再和裡袋底布對齊車合一圈固定。

12 表裡袋身正面相對套合，袋口處對合車縫一圈。

13 翻回正面，袋口壓線固定，並將裡袋返口縫合。

14 織帶套入兩側口型環，車縫固定成提把。

15 將人字帶穿到貼邊的束口繩固定布中，再把人字帶兩端打結即可。

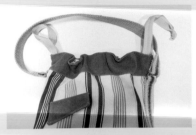

16 如此可形成從裡面束口的隱藏小設計。

17 完成！

袋底圓角立體包打版

青出於藍托特包

基本款 尺寸：31.5×32×10cm

基本工具和公式 請參照 P6-P7

基本概念 曲線底版

長方形四周圓角　　　　　正方形四周圓角

本單元討論的是袋底四周以圓角呈現的包款。（橢圓形也屬於這種類別，只是橢圓的弧度更大一些，計算方式都是一樣的）

基本準則：我要的包可以裝下甚麼東西？

製版方法

1. 用想要裝的物品大小來當作標準尺寸
2. 計算另一邊的大小
3. 得出我要的包長寬尺寸
4. 計算包身的厚度尺寸
5. 畫出包的正確版型

製版動作 使用前單元中的示範尺寸：31.5×32×10cm

由範例包款清楚的看到，袋身是方形的，而曲線的部分是在袋底四周，那麼根據這樣的尺寸，我們要如何制定版型呢？

首先，我們會了解到直線的長度是根據曲線長而有所改變，因此，在這範例包款中，須先訂定底版的尺寸。

步驟一
確認底版的大小。

已知底寬為 10cm，袋身寬約為 31.5cm

得出底版的大小為 10×31.5cm

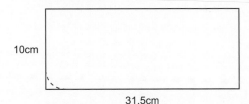

不過，此時我們需要算出袋底四周
圓角的大小。（虛線的部分）

步驟二

袋底四周圓角的大小可概略為直線的

1/2 ～ 1/4 計算：

（為什麼是這個比例，其實這算是筆者的經驗值，
當然也可以打破這個規則，就要看我們設計包款的樣
子，這邊先當一個示範的參考依據）

直線為 10cm 圓角的半徑大約落在 2.5 ～ 5cm 之間

可取 r ≒ 3.5cm（其實半徑在標示範圍以內都可以）

★注意：這種小底圓的半徑，最好不要小於 2.5cm，
除非有把握可以車的好。
由於袋底寬是 10cm，因此半徑也最
好不要大於袋底的 1/2 寬度。

步驟三

制定袋身寬度：

r=3.5cm，所以一邊的弧線長度 =

$$1/2 \times 3.1416 \times 3.5 \fallingdotseq 5.5cm$$

整個 1/2 底周長 =（1.5+5.5）×2+24.5=38.5cm

故而正確的袋寬 = 38.5cm

標示計算如下：

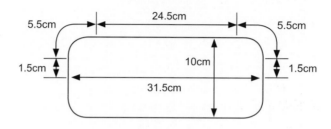

★因此實際上的袋身尺寸為

38.5×32cm。

基本款

先畫草圖

在草圖或照片檔上標註上述已計算好的尺寸，才不會畫錯。

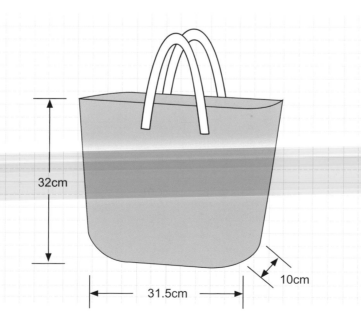

開始畫版型

① 先畫袋底版型

依照上面計算好的尺寸畫出。

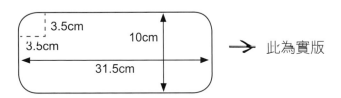

3.5cm
3.5cm
10cm
31.5cm

→ 此為實版

② 畫袋身版

其實我們經過幾次的計算、畫版、製作包款後，方形的直線版有把握的話就可以不用畫，只要將正確數字記下即可，這裡還是將版型畫出來作示範。

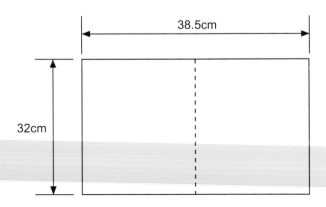

38.5cm

32cm

這種方形的版，也可以只畫一半摺雙即可。

③ 確認版型

最後再檢查一次所有的數據跟版型是否相符合，對照草圖或參考照片，看是否為我們要的版型，確認後貼在厚卡紙上並裁剪，就可進行包包的製作。

紙型 B 面附版型

本節問題

Q1. 本單元範例包款是從底去推算正確的袋身版,如果使用固定的袋身尺寸,可以算出底嗎?

A:當然沒有問題,只是變成反過來算而已,但計算過程會變更複雜一點,所以也可以試試看用已知的長跟寬,再去制定出底的尺寸喔。

Q2. 底的曲線可以任意畫嗎?

A:這個部分,如果想畫任意曲線,最好使用電腦軟體,才能將正確的數據算出來,一般手繪比較不建議。當然手繪的狀況也可以算,不過不在本單元討論範圍內,我們還是先以能計算的製圖方式來畫版型。

藍染時光手挽包

變化款　尺寸：31.5×32×20cm

變化款看起來似乎有點複雜，不過會以容易計算的方式來作示範。

製版動作 使用基本款數據為參考值：31.5×32×20cm

步驟一

由於袋身較為複雜，所以我們還
是先制定袋底的大小。
這邊可以沿用基本款的袋底，
底版的大小為 10×31.5cm
依照同樣的袋底圓角制定原則，
r=3.5cm。

步驟二
制定袋身尺寸：

由步驟一得知，與袋底相接的袋身底尺寸為 38.5cm，
所以我們可以將袋身拆成兩部分來看：
這個袋身可視為左右對稱型，故可以只畫一半的版。

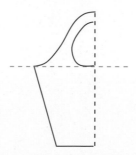

由上畫出來的概略版，可以將袋身分成上跟下來處理。
參照綠色虛線以下，可以作為一個梯形版來計算（先忽略綠色虛線以上的版）

所以將已知的袋身高定為此梯形版的高度，
袋身高為 32cm。

步驟三
制定袋身梯形版的上寬：

由已知的袋底寬度 31.5cm 來推算上寬，
在這個範例裡面，上寬與提把的尺寸沒有任
何需要接合的尺寸。

所以可以依照自己的喜好來制定這個寬度。

上寬取 **1.5** 倍的底寬

上寬 = 1.5×31.5（底寬）≒ 47cm

步驟四
制定提把部分版型：

提把的位置是在虛線以上的曲線，所以我們不需要計算
就可以畫任意曲線，

此時可以運用赤袖型版的曲線部分來繪製我們喜歡的弧度。

如下圖綠色虛線上方的樣子。

至於提把應該畫多大，可以根據個人的身高或是用途來制定。

★手提款：提把的圓弧區只要手掌容易穿梭就可以。

★側背款：看手臂的粗細來決定就行。

所以並沒有一定的準則，也讓我們有更多的創作空間。

暫時設定如下，這款包是根據筆者的身高比例來設計的。

（筆者屬於身型較小者，所以高個子的人就隨個人身高體型來決定）

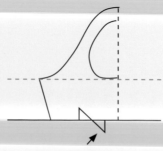

（這個符號表示圖型沒有結束，還有以下的部分）

步驟五
開始畫版型

★所以這個變化款經過拆解後可以了解，
需要計算的尺寸只有圖例綠色虛線以下的部分。

先畫草圖
先畫出草圖或放上照片圖檔。

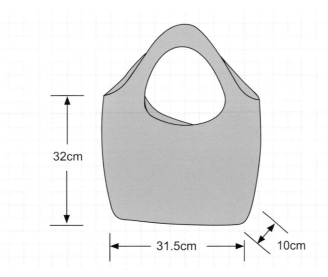

32cm

31.5cm　10cm

開始畫版型

1 《袋底版》
依照計算好的尺寸繪製。

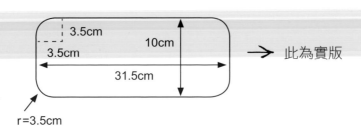

3.5cm
10cm
3.5cm
31.5cm
此為實版
r=3.5cm

②《袋身版》

根據我們算出的袋身部分＋上面設計的提把，連接成一片。
如右圖：

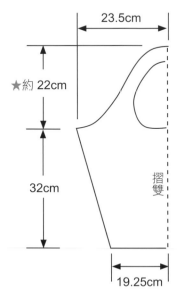

23.5cm

★約 22cm

32cm

摺雙

19.25cm

★記號尺寸隨個人習慣或喜好均可任意設計，唯一要注意需左右對稱，因為我
　們畫的是一半的版型。

③ 確認版型

根據所有計算好的版型畫出大小，清楚標
上尺寸，再對照草圖或參考照片，確認後
貼在厚紙卡上並裁剪，就可以開始製作。

Q1. 由單元一到單元六，主要包款袋身多為方形或梯形，我們如何判別袋身該作方形或是梯形呢？

A：關於袋身的部分，主要還是依照設計者設計出來的包形以及用途來決定，通常方形袋身的容量也稍微小一點，因此我們還可以將容量也考慮進來，所以當畫一款包款時，同時將一些必要條件列下來，就可以輕鬆判別我們該作方形包或是梯形包款。

Q2. 經過六單元的範例包款，有些包款是袋身先畫，有些是袋底先畫，那應該怎麼決定畫的順序呢？

A：這要回歸到原始的問題，我想要的包款大小，所以我們每回的打版一開始，都有標註，我要的包可以裝下甚麼？！也就是包包的大小。一再的提醒，就是告訴你，一切的版型源自於我想要裝的東西來決定包款的大小。再經過反覆的練習，就能夠輕鬆的決定所要的包款尺寸囉。

Q3. 除了六單元的包款外，是否還有其他的基本包款範疇？

A：本書六大單元幾乎囊括了一般常用的包款基本版型，這六大版型交互運用，可以變化出來的包款更是包羅萬象，再延伸也就是基本型的變化包款，都在六大包款版型的範圍內。在第七單元裡，將會延伸幾種範例包款，幫助我們思考與運用。

 變化包款製作方法　紙型 B 面

🔻 使用材料及配材

用布量：表裡各約 3 尺
　　　　（裁布均按版型外加縫份，加襯與否視個人需求）

裁布與配件：

a. 表袋身－依紙型　表裡各 ×2 片

b. 袋底－依紙型　表裡各 ×1 片

c. 裝飾口袋－隨個人喜好製作（已附上示範紙型）

d. 內口袋－隨個人喜好製作

e. 裝飾皮標或布標：適量

f. 人字帶：約 2 碼

將打版製作出成品（附紙型參考），因本書以講解打版為主，製作上就不多作贅述。

製作流程

01 所有配材均依照版型裁剪準備好。

02 製作前裝飾口袋，使用袋口提把處的兩片多餘布料即可製作。

03 兩片正面相對車縫，留返口翻回正面，可以利用上端摺下來形成裝飾袋蓋，再壓線或縫皮標固定。

04 隨意位置車縫在表袋上即可，開口處不車。

05 取表袋布正面相對車合兩側。

06 再對齊接合袋底一圈。

07 裡袋身先製作的個人需要的口袋，再正面相對接合兩側。

08 裡袋身底部與裡袋底對齊車合一圈。

09 表裡袋正面相對套合，袋口車好後從提把口翻回正面。袋口提把處壓線固定，提把口疏縫一圈。

10 袋口處中心位置車縫人字帶作為綁帶，固定在裡側或外側都可以。

11 中間的提把口用人字帶包邊車縫一圈。

12 完成！

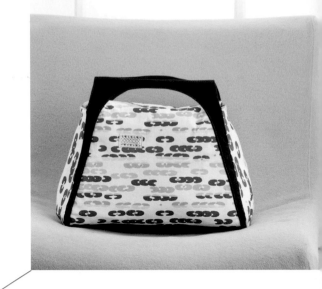

Part 7
綜合變化包款打版

應用篇

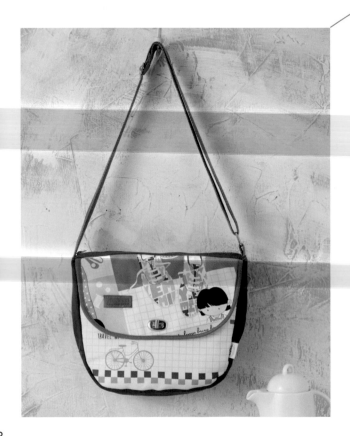

紫戀自在輕行斜背包

基本款 尺寸：28×23×8cm

範例包款重點：袋身的變化

先畫草圖

由於此包款為倒梯形袋身,因此將最長的部分當作主要的寬度。
標示如下:

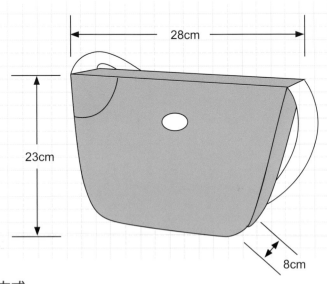

制定方式

（1）定袋身的尺寸

（2）定底版尺寸

（3）定側身尺寸

計算並畫版型

運用單元 1～6 的綜合計算來求得袋身如下。

★袋身版型

由於這個可愛的小包還有一些裝飾的
版型在袋身版上,所以我們就再畫一
個袋身版。

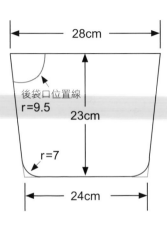

☆前口袋版型就可以這樣表示

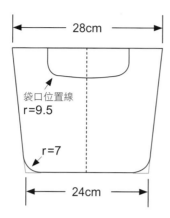

★袋蓋版型

袋蓋的高度一般大約佔袋身高的 2/3 即可，比例上會比較好看，因此這個小包的
袋蓋高就可以取 15cm。

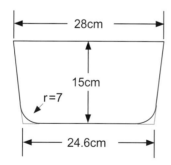

★袋底版型

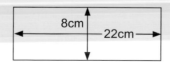

★側身版型

※ 因此這邊扣除袋底的長度後就是側身需要的長度，若不想要側身太單調，故可
　　將側身也畫成梯形，那麼斜邊的長度就是 16cm；換算中心高度可得 15.8cm。

※ 側身上端要接背帶，一般背帶從 3～5cm 不等，我們可以將上面的寬度定為 4～
　　5cm，如果考慮要製作拉鍊口布，使拉鍊口布可以比較好剪裁，此包款側身上
　　寬制定為 5cm。

※ 若希望側身感覺可愛一點，可以再加上摺子的尺寸，製版如下：

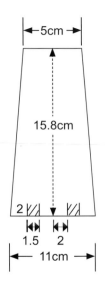

★確認版型

最後再檢查一次所有的數據跟版型是否相符合，對照草圖或參考照片，看是否
為想要的版型，確認後貼在厚卡紙上並裁剪，就可以進行包包製作。

包款製作方法

紙型 B 面

 使用材料及配材

用布量：表裡各約 3 尺（裁布均按版型外加縫份，加襯與否視個人需求）

裁布與配件：

a. 袋身－依紙型　表裡各 ×2 片

b. 前口袋－依紙型　表裡各 ×1 片

c. 後口袋－依紙型　表裡各 ×1 片

d. 袋蓋－依紙型　表裡各 ×1 片（或表 ×2）

e. 側身－依紙型　表裡各 ×2 片

f. 袋底－依紙型　表裡各 ×1 片

g. 拉鍊口布－ 3.5×29.5cm　表裡各 ×2 片（含縫份）

h. 內口袋－視個人需求製作

i. 拉鍊：28cm ×1 條

j. 背帶：3×120cm ×1 條

k. 口 & 日型環：1 組（搭配背帶寬度）

l. 鎖扣：1 組

m.包邊人字帶：約 2 碼

n. 裝飾皮標或布標：適量

製作流程

01 所有裁片均按照版型裁切準備好。

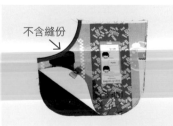

不含縫份

02 取表裡後口袋背面相對，曲線部分不含縫份，以人字帶包邊車縫。

不含縫份

不含縫份

03 前口袋和袋蓋的曲線部分（如圖示）也都不含縫份，同作法完成包邊車縫。

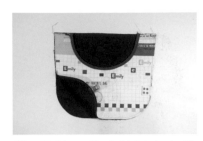

04 將前口袋疏縫固定在袋身上。

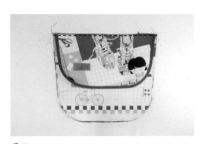

05 再將袋蓋擺放在袋身上方袋口處，車縫一道固定。

06 後口袋對齊固定在後袋身上。

（裡）（表）

←→ →← 摺子倒向

07 將側身摺子車縫好，表裡摺子方向須錯開。

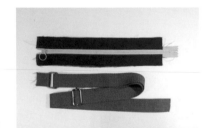

08 拉鍊口布先製作好，織帶也與日型、口型環製作成背帶。

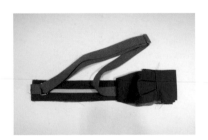

09 將背帶固定在拉鍊口布頭尾端。袋底先和側身接合，再用表裡側身的另一邊夾車口布兩端。

10 接合好後會形成一環狀（袋身外圍）。

11 將袋身外圍與前袋身正面相對接合，先車拉鍊口布與袋口直線的部分。

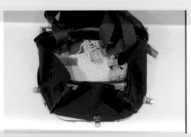

12 再對合袋身 U 字型弧度，對齊好後車縫固定。

13 另一邊同上作法完成後袋身的接合。

14 裡袋身依需求製作內口袋。再接合拉鍊口布的部分。

15 將上面的拉鍊口布縫份以人字帶包邊車合。

16 裡袋身與裡側身袋底對齊，U字型接合。

17 拉鍊口布包邊的頭跟尾，正好在接縫裡袋身時可以車到裡面。

18 另一邊也接合好，記得留返口。

19 將袋身翻回正面示意圖。

20 袋蓋下方中心安裝鎖扣，裡袋身的返口縫合。

21 完成！

繽紛世界手提包

基本款 尺寸：37×24.5×10cm

（封面同款包）

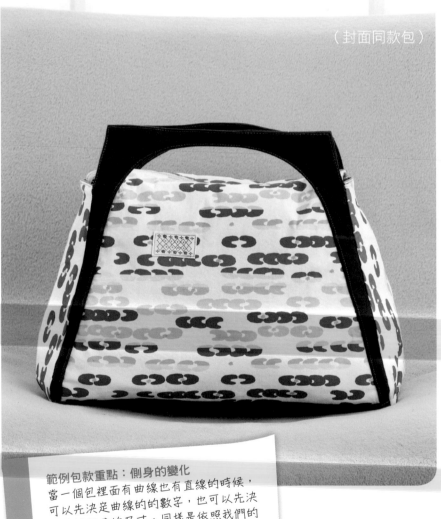

範例包款重點：側身的變化
當一個包裡面有曲線也有直線的時候，可以先決定曲線的的數字，也可以先決定直線部分的尺寸，同樣是依照我們的需求來得到些數字就行，並沒有制式的規定；所以當非常熟練的知道這些算法後，就可以隨心所欲的應用。

 請參照 P6-P7

先畫草圖
先畫出草圖或放上參考照片圖檔。

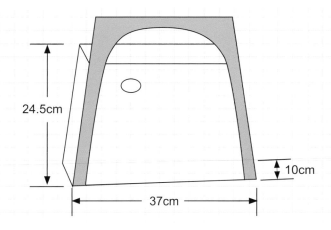

24.5cm

10cm

37cm

制定方式
（1）定側身的尺寸
（2）定底版尺寸
（3）定袋身尺寸

計算並畫版型
運用單元 1 ～ 6 的綜合計算來求得側身，
在此不再詳敘。

★側身版型
※ 想要側身有摺子，可以在版型的
　底部畫出摺子位置。

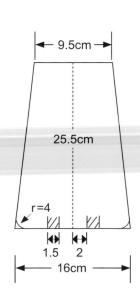

9.5cm

25.5cm

r=4

1.5　2

16cm

★袋底版型

依照已知寬度與袋底寬來制定即可。

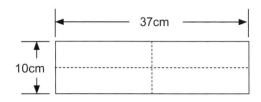

★袋身版型

這個袋身的部分會複雜一點，因為還要連接出提把的部分；因此我們可以先將提把
與袋身一起畫出來，再另外畫一個袋身版。

★提把版

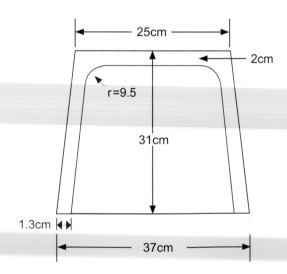

★實際袋身版

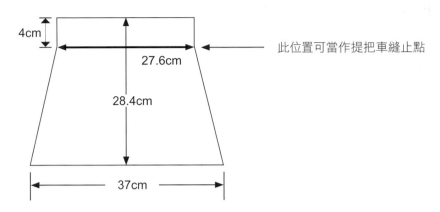

4cm

27.6cm

28.4cm

37cm

此位置可當作提把車縫止點

★確認版型

最後再檢查一次所有的數據跟版型是否相符合,對照草圖或參考照片,看是否為想
要的版型,確認後貼在厚卡紙上並裁剪,就可以進行包包製作。

（封面包款）

包款
製作方法 紙型 B 面

▶ 使用材料及配材

用布量：表裡各約 3 尺（裁布均按版型外加縫份，加襯與否視個人需求）

裁布與配件：

a. 袋身－依紙型　表裡各 ×2 片

b. 側身－依紙型　表裡各 ×2 片

c. 提把－依紙型　表 ×4 片

d. 袋底－依紙型　表裡各 ×1 片

e. 內口袋－視個人需求製作

f. 裝飾皮標或布標：適量

g. 袋口拉鍊：35cm ×1 條

製作流程

01 所有配材均依照版型裁剪準備好。

02 取提把兩兩正面相對，車合內部曲線的部分。

03 翻到正面，先使用強力夾固定或熨燙平整。

04 再將提把固定在表袋身上。

05 車縫固定到版型止點處，左右邊相同；上方曲線的部分只要壓線就好，不須車在表袋上。

06 圖示的半圈曲線，先把表袋身布向後摺再壓線，並將側邊止點處各剪一刀，勿剪超過縫份。

07 完成前後袋身，再與袋底接合。

摺子倒向 ←→　→←

08 車縫側身摺子，表裡布注意摺子的方向要錯開。

09 側身表裡布上方正面相對車合一道。

10 製作裡袋口袋。（依照個人使用習慣或需求製作）

11 一邊的裡袋身底部可以先和裡袋底接合。

12 表袋身＋拉鍊＋裡袋身一起夾車，兩側相同。

13 將整個拉鍊車縫好。（拉鍊兩側壓不壓線隨個人喜好均可）

14 將另一邊的裡袋底和裡袋身接合，此處記得留返口。

15 裡袋身兩側的止點處同樣剪一刀。

16 表裡袋身止點上車合，共四處。

17 分別將表裡袋身與側身車合固定。

18 由裡袋身返口翻回正面，側身上端壓線固定。

19 拉鍊尾端車縫檔片。

20 完成！

偶然相遇肩背包

基本款 尺寸：31×23×15cm

範例包款重點：不規則版型的變化
這是一個新嘗試，當一個包左邊跟右邊不同
高，前面跟後面也不等高的時候，作出來的
包款會不會很奇怪，能用嗎？不過這些將不
再成為問題，接下來的範例會解答一切，我
們只需要制定出想要的包款尺寸就可以了。

⚑ 先畫草圖
由於此包款為倒梯形袋身，因此將最長的部分當作主要的寬度。
標示如下：

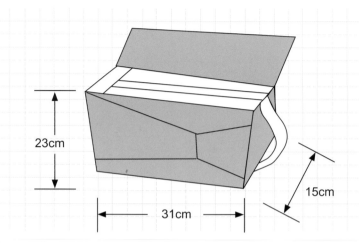

⚑ 制定方式
（1）定袋身的尺寸
（2）定底版尺寸
（3）定側身尺寸

⚑ 計算並畫版型
運用單元 1 ～ 6 的綜合計算來求得側身。

★袋身版型
※ 雖然是直線包，不過在於不規則形狀的組合，因此前後袋身都要畫出來，製作時才不會出錯。
※ 版內拼接的部分可以自行發揮，不一定要跟著示範包款。

（前袋身）

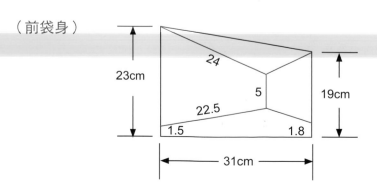

（後袋身）

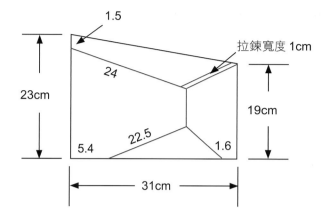

★袋底版型

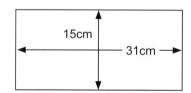

★側身版型

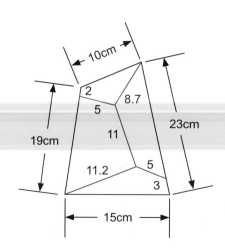

★袋蓋版型
由於範例包款的袋蓋是由後袋身延伸，所以必須單獨繪製一個版型。
※ 底下有填色的區域就是和後袋身銜接的部分。
※ 紅色虛線之下則為袋蓋的大小。
※ 袋蓋畫法：先將後袋身四角形的區域描下來，再畫延伸袋蓋的部份。

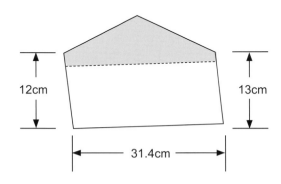

★確認版型
最後再檢查一次所有的數據跟版型是否相符合，對照草圖或參考照片，看是否
為想要的版型，確認後貼在厚卡紙上並裁剪，就可以進行包包製作。

 不規則狀包款說明：

此款包雖然袋身與側身都是不規則狀，但有一點很重要，袋底是一個正
的長方形，而在這樣的設計之下，就可以平衡；再則，袋身與側身的不
對稱，其實是兩端互為對稱形狀，因此整體包款也能達到平衡。我們再
想想，還有哪一種不規則的設計法可以舉一反三，那麼版型就運用的非
常得心應手了。

包款
製作方法　紙型 B 面

 使用材料及配材

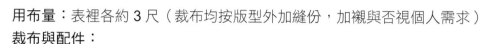

用布量：表裡各約 3 尺（裁布均按版型外加縫份，加襯與否視個人需求）

裁布與配件：

a. 袋身－依紙型　表（依照各區域裁剪），裡 ×2 片

b. 側身－依紙型　表 ×1 片，（另一表側依照各區域裁剪），裡 ×2 片

c. 袋底－依紙型　表裡各 ×1 片

d. 袋蓋－依紙型　表 ×1 片，（另一表蓋裁紅虛線以下 ×1 片）

e. 袋口拉鍊口布－ 6×29.5cm　表裡各 ×2 片（已含縫份）

f. 拉鍊前接布－ 5×11.5cm　表裡各 ×1 片（已含縫份）

g. 後表拉鍊口袋－ 17×25cm　裡 ×1 片（已含縫份）

h. 內口袋－視個人需求製作

i. 提把布－ 11×70～90cm　表 ×1 片（已含縫份）

j. 袋口拉鍊：28cm ×1 條

k. 後表袋拉鍊：15cm ×1 條

l. 口型環：3cm 寬 ×2 個

m. 紙襯：1 尺

n. 裝飾皮標或布標：適量

 製作流程

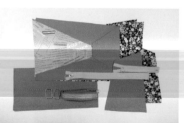

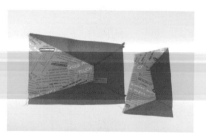

01 將需拼接的部份以紙襯畫好。（如不想拼接則可省略此步驟）

※ 注意紙襯的方向，背膠面向上，用背膠面描繪版型。

02 將上步驟的紙襯剪開，燙在所需要的布料上面後，裁剪出各區域裁片。

03 再將各區域版型布塊接縫起來並壓線。如用整個版型製作就不需要拼接。

04 將袋蓋連結後袋身的拉鍊處車上拉鍊和拉鍊口袋（同一般拉鍊夾車法）。

05 再繼續接合後袋身的其它裁片。

06 袋蓋和後袋身整體接合好後壓線（也可不壓）。

07 將另一片袋蓋（只裁紅虛線以下的布）接好後翻正壓線。

08 取表側身與表袋底接合。

09 裡側身也與裡袋底接合。

10 拉鍊口布依照一般拉鍊車法車好，並在拉鍊兩端夾車拉鍊前接布。

11 再將口型環車固定在圖示位置（一個靠左下，一個靠右上，錯開縫份位置即可）。

12 組合後袋身和側身袋底，注意側身接的位置，因為兩邊不等長，所以切記勿接錯邊。

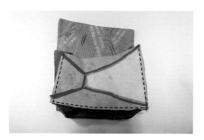

13 再接合另一片表袋身。

14 將已作好的拉鍊口布與袋蓋內部縫份處車合。

15 覆蓋上一片裡袋身（注意方向），同步驟 **14** 的位置再車縫一次。

16 拉鍊口布另一側與另一邊的袋身上端接合。

17 蓋上另一片裡袋身，同上車縫位置再車一次（形成將拉鍊口布夾車的作法）。

18 接裡袋側身，兩端分別車在拉鍊口布頭尾端（與表布形成夾車）。

19 如圖示接好兩端。

20 再與裡袋身接合，其中一片車合時底部要留返口。

21 翻回正面，釘上背帶，裡袋返口縫合即完成。

國家圖書館出版品預行編目(CIP)資料

袋你輕鬆打版。快樂作包 / 淩婉芬編. -- 初版. -- 新北市 : 飛天, 2016.08
　　面；　公分. -- (玩布生活 ; 17)
　　ISBN 978-986-91094-5-1(平裝)

　　1.手提袋 2.手工藝

426.7　　　　　　　　　　　　　　　　　105013553

玩布生活17

書名／袋你輕鬆打版。快樂作包

作者／淩婉芬
總編輯／彭文富
執行編輯／潘人鳳
美術設計／許銘芳
攝影／詹建華
校對／陳冠如
紙型繪圖／菩薩蠻數位文化
出版者／飛天出版社
地址／新北市中和區中山路2段530號6樓之1
電話／(02)2223-3531．傳真／(02)2222-1270
廣告專線／(02)22227270．分機12 邱小姐
部落格／http://cottonlife.pixnet.net/blog
Facebook／https://www.facebook.com/cottonlife.club
E-mail／cottonlife.service@gmail.com

■發行人／彭文富
■劃撥帳號／50141907　　■戶　名／飛天出版社
■總經銷／時報文化出版企業股份有限公司
■倉　庫／桃園縣龜山鄉萬壽路二段351號
初版／2016年08月
定價／380元
ISBN／978-986-91094-5-1